Los hogares de los animales
por Ann Lee

Contenido

Los hogares de los animales . .2

Glosario 11

Índice 12

Harcourt

Orlando Boston Dallas Chicago San Diego

www.harcourtschool.com

Todos los animales tienen hogares.

¿Dónde se encuentra
este animal?

Este animal está en el bosque.

¿Dónde se encuentra este animal?

Este animal está en el desierto.

¿Dónde se encuentra este animal?

Este animal está en el bosque tropical.

¿Dónde se encuentra este animal?

Este animal está en el océano.
¿Puedes encontrarlo?

Glosario

bosque

bosque tropical

desierto

océano

Índice

bosque, 4

bosque tropical, 8

desierto, 6

océano, 10